FLUTHMESSER

System F. H. Reitz

Selbstwirkende Eintheilung Registrirung der Wasserstände

und

Integrirung für die mittlere Höhe.

Von

F. H. Reitz.

Mit 2 Tafeln Figuren.

HAMBURG 1884.

Verlag von L. Friederichsen & Co.

J. F. Richter, Hamburg, gr. Bleichen 33.

Wenn man die hohen Anforderungen in Erwägung zieht, welche in neuester Zeit an Nivellements gemacht werden, so ergibt sich auch für die Construction von registrirenden Fluthmessern, deren Functionen so unmittelbar mit den Resultaten dieser Nivellements in Verbindung treten, die Verpflichtung, dieselbe den gedachten Anforderungen anzupassen. Diese Instrumente sind demnach als Präcisionsinstrumente anzusehen und Constantenbestimmung sowie Correctur muss mit grosser Genauigkeit ausgeführt werden können. Es rechtfertigt sich diese Auffassung ausser durch die Beziehung zu den genannten Nivellements auch durch die Art der Aufstellung und Beaufsichtigung von dergleichen Apparaten. Für dieselben wird meistens mit grossem Kostenaufwande eine geeignete Aufstellung an der Seeküste und eine oft sehr schwierig herzustellende Verbindung des Schachtes für den Schwimmer mit dem tieferen Wasser geschaffen, und dann wird zu ihrer Beaufsichtigung gewöhnlich eine Persönlichkeit designirt, die sich ganz derselben zu widmen hat. Es wird sich nun sicherlich nicht empfehlen, eine solche Summe von Kosten an einen roh gearbeiteten Apparat zu wenden, dessen Resultate den höchsten Anforderungen nicht entsprechen. Auch ist es eine Thatsache, dass die saubere und in gewissem Maasse elegante Ausführung die gute Erhaltung durch den Beaufsichtigenden befördert, wie sich dies bei Dampfmaschinen, Leuchtthurmapparaten und desgleichen vielfach bewährt hat. Endlich sind bei diesen Apparaten Unterbrechungen, wodurch eine Reihe von Aufzeichnungen von Wasserständen verloren ginge, ganz zu vermeiden und auch dies rechtfertigt eine höchst vollendete Ausführung des ganzen Mechanismus.

Entsprechend dieser Auffassung habe ich mich bemüht, die Construction der registrirenden Fluthmesser zu verbessern. Auch der im Jahre 1871 von mir construirte Apparat, um sogleich durch die Wasserbewegung, ohne Vermittelung einer Zeichnung, die mittlere Höhe zu bestimmen, ist dem Bestreben entsprungen, denselben eine grössere Vollendung zu geben. Die Eintheilung des für die Aufzeichnung der Wasserstandshöhen bestimmten Papiers wurde bei den früher construirten Apparaten oft auf eine sehr ungenügende Weise vorgenommen. Auch in dieser Beziehung sind die neueren Apparate verbessert. Entweder ist denselben eine besondere Eintheilungsvorrichtung beigegeben, oder es wird sowohl die Eintheilung für die Zeit als auch für die Höhe selbstwirkend vom Apparat vorgenommen. Durch diese letztere Anordnung wird nicht allein der durch das Ziehen des Papiers sonst häufig vorkommende Fehler vermieden, sondern auch die Beaufsichtigung des Apparates bedeutend erleichtert und die sonst vorkommenden kleinen Unterbrechungen beim Erneuern des Papiers für die Diagramme fallen fort.

Die Vortheile der Integrirvorrichtung für die Bestimmung der mittlern Höhe sind die folgenden. Der Apparat liefert ohne Vermittelung einer Zeichnung, nach Division mit einer der verflossenen Zeit proportionalen Grösse, die mittlere Höhe. Die Arbeit, aus den Aufzeichnungen der registrirenden Fluthmesser dieselbe zu bestimmen, ist eine sehr bedeutende. Gewöhnlich wird sie mit Anwendung des AMSLERschen Planimeters ausgeführt. Man muss dann mit dem Fahrstift des Planimeters die oft sehr zackigen und schwer zu verfolgenden Aufzeichnungen der Wasserstände nachziehen, während durch den neuen Apparat die ganze Zeit der Wasserbewegung gewissermaassen zur sorgfältigsten Selbstbestimmung ihrer Höhe ausgenutzt wird.

Auch für Flüsse und Seen, deren tägliche Wasserstandsänderungen wenig hervortreten und auf den ersten Blick ganz unregelmässig erscheinen, würde die Integrirvorrichtung in den monatlichen oder jährlichen Mitteln nützliche und interessante Daten liefern. Die Bearbeitung des Materials nach den Diagrammen des Registrirapparates ist mühevoll und unterbleibt deswegen häufig; das Material wird aufgespeichert und bleibt oft nutzlos liegen.

Mittlere Meereshöhe.

Die mittlere Höhe des Meeres wird in der Folgezeit durch die neuen Apparate, die in immer wachsender Anzahl an den verschiedenen Küstenpunkten aufgestellt werden, mit grösster Genauigkeit bestimmt werden. Die sorgfältigsten Nivellements werden diese Küstenpunkte mit einander verbinden und man wird so innerhalb enger Fehlergrenzen über die Höhenlage der Meere Kenntniss erlangen. Die Resultate der geometrischen Nivellements werden durch die immer vollständiger ermittelten Localattractionen und durch die fortschreitende bessere Feststellung der Figur der bezüglichen Geoïdflächen die etwa nöthigen durch diese Grössen bedingten Verbesserungen erhalten. Eine fortdauernde Bestimmung des mittleren Wasserstandes ist für die Beurtheilung der Höhen der Continente erforderlich, da der Meeresspiegel immer das Einzige bleibt, um die Lage derselben und ihre Hebung und Senkung zu beurtheilen. Es wäre auch möglich, dass eine Zunahme oder Abnahme der Meereshöhe durch Veränderungen in der gesammten Wassermenge eintritt, worüber ebenfalls diese Apparate Auskunft oder Anhalt für gut begründete Hypothesen zu geben im Stande sein werden.

Auf Helgoland und in Cadix sind jetzt Apparate mit Integrirvorrichtung nach meinem System in Thätigkeit. Beide Instrumente haben sich praktisch bewährt und liegen besonders über den Apparat in Cadix ausführliche Referate und Bearbeitungen seiner Angaben vor. Der Apparat auf Helgoland, welcher seitens der Kaiserlichen Marine aufgestellt wurde, ist auf Veranlassung Sr. Excellenz des Herrn General BAEYER, Präsident der Europäischen Gradmessung, in der Werkstatt von DENNERT & PAPE in Altona ausgeführt. Die Uhr des Apparats ist von KNOBLICH in Hamburg. Daselbst wurde ebenfalls der auf Veranlassung Sr. Excellenx des Herrn General IBAÑEZ, Director des Spanischen Geographischen und Statistischen Instituts, in Cadix aufgestellte Apparat erbaut.

Mit besonderer Spannung sieht man den Bestimmungen der mittleren Meereshöhe nach den Angaben des Helgolander Fluthmessers entgegen. Derselbe ist an das Deutsche Nivellementsnetz durch ein trignometrisches Nivellement von Cuxhafen an der Mündung der Elbe aus angeschlossen. Dies Nivellement wurde mit grösster Sorgfalt und Anwendung der vorzüglichsten

Hülfsmittel ausgeführt. Zunächst wurde der Höhenunterschied zwischen Neuwerk und Helgoland durch gleichzeitige Anvisirung von Heliotroplicht, zur Eliminirung des Einflusses der Strahlenbrechung bestimmt, dann später auf dieselbe Weise der Höhenunterschied zwischen Neuwerk und Cuxhafen. Ein Nivellement von Swinemünde nach Cuxhafen wird seitens des Geodätischen Instituts der Europäischen Gradmessung im Jahre 1884 zum zweiten Male ausgeführt und dadurch die Höhenbestimmung für Helgoland abgeschlossen werden.

Wenn man die Aufzeichnung von Fluthcurven, Fig, 1, Tafel 1, betrachtet, so ist die Linie der mittleren Höhe so zu bestimmen, dass die Fläche $c\ d\ g\ e$ den beiden Flächen $a\ b\ c$ und $g\ f\ i$ gleich wird. Dieses Niveau würde sich herstellen, wenn man sich die Bewegung der Gezeiten fehlend dächte. Die mittlere Höhe muss also mit Benutzung der ganzen Fluthcurve bestimmt werden, es genügt nicht, hierfür nur die Höhen der Hoch- und Niedrigwasser zu verwenden, dies setzte die Annahme einer ganz regelmässigen Form der Fluthcurve voraus, die aber wohl nirgends vorkommt.

Auf Tafel 1, Fig. 1, sind die mittleren Fluthwellen von Cuxhafen, Southhampton und Jpswich aufgezeichnet. Um einen Maassstab für die Unregelmässigkeit in diesen Curven zu geben, ist die zugehörige Sinuslinie in jede hineingezeichnet. Nennt man die Höhe vom Fusspunkt bis zum Scheitel dieser Curven h, so ist die Höhe des mittleren Wasserstandes über dem Fusspunkt nicht 0,5 h, sondern 0,527 h für Cuxhafen, 0,567 h für Southhampton und 0,471 h für Jpswich.

Die Bearbeitung der Fluthcurven zur Bestimmung der mittleren Höhe mittelst des Planimeters ist, abgesehen von dem an sich sehr grossen Arbeitsquantum besonders deshalb eine so schwierige, weil die Curven in den Diagrammen, wie sie die registrirenden Fluthmesser liefern, oft kaum mit dem Fahrstift zu verfolgen sind. Um eine Vorstellung von dem Ansehen eines solchen Diagramms zu geben, ist, genau nach dem Original, freilich ohne dessen Linienschärfe zu erreichen, ein Theil eines vom Helgolander Apparat gelieferten Blattes in wirklicher Grösse in Fig. 2 Tafel 1 abgebildet. Fig. 3 Tafel 1 zeigt ein Diagramm des am Helder aufgestellten Fluthmessers.

An einigen Küstenpunkten bewirkt eine eigenthümliche Wellenbewegung, dass die Fluthcurven als ziemlich breite, dicht schraffirte Streifen in den Diagrammen der Registrirapparate erscheinen, deren Bearbeitung mit dem Planimeter eine grosse Unsicherheit in den Resultaten mit sich führt. Der Integrirapparat ist von diesen Umständen nicht beeinflusst, da er direct aus der Wasserbewegung, ohne Vermittlung der Zeichnung das Resultat liefert.

Um eine Vorstellung von dem für die selbstwirkende mechanische Integrirung bestimmten Apparat ohne einen Aufwand von mathematischen Formeln zu geben, könnte vielleicht Folgendes dienen. Man denke sich eine Rolle e (siehe Tafel 1 Fig. 4 und Tafel 2 die Abbildung eines vollständigen Apparates) auf einer durch eine Uhr in 24 Stunden um ihre Achse gedrehten Scheibe d, parallel der Achse der Rolle e durch einen Schwimmer durch Vermittlung von Trieb und Zahnstange z. B. im Verhältniss 1 : 10 zur Veränderung des Wasserstandes hin und her bewegt.

Wenn die Rolle im Mittelpunkt der Scheibe steht, so sei angenommen, dass das Wasser alsdann am Pegel auf Null stehe. Es sei nun der Wasserstand 1 Meter über Null und bleibe 24 Stunden unverändert, dann wird die Rolle in dieser Zeit eine Länge von 0,1 Meter mal 2π auf der Glasscheibe abwälzen. Diese Grösse findet man durch die Differenz der am Anfang und am Ende der 24 Stunden am Umfang der Rolle und am Zählapparat für die vollen Umdrehungen gemachten Ablesungen nach Multiplication dieses Werthes mit dem Umfang der Rolle.

Dividirt man nun diese Grösse 0,1 Meter mal 2π mit dem der Zeit entsprechenden Bogen, also für 24 Stunden mit 2π, so erhält man hier 0,1 Meter, also $^1/_{10}$ des constanten Wasserstandes für die bezüglichen 24 Stunden. Ebenso wie hier der als constant angenommene Wasserstand eines Tages, wie gezeigt, durch die Integrirvorrichtung gefunden wurde, wird man auch bei wechselnden Wasserstandshöhen aus der Differenz der Ablesungen, Multiplication mit dem Umfang der Rolle und Division durch den der Zeit entsprechenden Bogen den mittleren Wasserstand der 24 Stunden finden. Denkt man sich nämlich in jeder Zeitsecunde während der 24 Stunden einen andern Wasserstand, so wird von der Rolle immer eine diesem Wasserstande, multiplicirt mit dem Bogen für eine Zeitsecunde, entsprechende Grösse abgewälzt und man erhält das Mittel aus allen Wasserständen in den einzelnen Zeitsecunden, wenn man die durch die Ablesungsdifferenz an den Rollen wie oben ermittelte Grösse durch die Summe der Bogen der Zeitsecunden für einen Tag, also mit 2π dividirt. Es ist hier zu beachten, dass in Folge der Construction der Integrirvorrichtung, durch eine radiale Verschiebung der Rolle auf der Glasscheibe keine Drehung der Rolle bewirkt wird und dieselbe nur durch die Drehung der Glasscheibe, entsprechend dem Abstande vom Mittelpunkte, d. h. dem Wasserstande, gedreht wird.

Die Zeiten für die Ablesung an der Integrirvorrichtung sind nach gewissen Perioden der Mond- und Sonnenstellung zu wählen, wenigstens würde es sich empfehlen, hiernach die Berechnung für die mittleren Wasserstände abzuschliessen. Bei der geringen Mühe, eine Ablesung an den integrirenden Rollen vorzunehmen, wird es sich empfehlen, jeden Tag eine Ablesung zu machen. Es ist dann leicht, den mittleren Wasserstand für bestimmte Zeitperioden zu berechnen; etwaige innerhalb 24 Stunden liegende kleine Ergänzungen können durch Benutzung des ebenfalls vom Apparat gelieferten Diagramms vorgenommen werden.

Theorie des Integrirapparates für die Bestimmung des mittleren Wasserstandes.

Die Theorie des Integrirapparates und die Berechnung seiner Constanten ist eine verhältnissmässig sehr einfache.

Rechnet man die Wasserstände von dem Punkte, wenn die Integrirrolle e (Tafel 1 Fig. 4 und Tafel 2, Abbildung eines vollständigen Apparates) im Mittelpunkte der Glasscheibe d steht und nennt die Höhe des Wasserstandes, welche dieser Stellung der Rolle entspricht, x und das Verkleinerungsverhältniss der Bewegung der Rolle e gegen das Steigen des Wassers $\frac{1}{n}$, so bewegt sich ein Punkt des Umfanges der Rolle e in einem Zeitraume, in dem sich die Scheibe d um den Bogen gleich φ dreht, um:

$$(1.)\qquad \int \frac{1}{n}\, x\, d\varphi$$

Um aus diesem Werth, d. h. der Summe der Producte der um $\frac{1}{n}$ verkleinerten Wasserstände und des unendlich kleinen Bogens $d\varphi$, das mittlere x, gleich m, den mittleren Wasserstand zu finden, hat man denselben mit $\int d\varphi = \varphi$ zu dividiren und mit n zu multipliciren, man hat also:

$$(2.)\qquad m = \frac{n \int \frac{1}{n}\, x\, d\varphi}{\varphi}$$

Der Ausdruck unter dem Integralzeichen ist nach dem Obigen gleich der Differenz der Ablesungen am Rande der Rolle, die am Anfang und Ende des gewählten Zeitabschnittes gemacht wurden, in Ganzen und Bruchtheilen der vollen Rollenumdrehung ausgedrückt, multiplicirt mit dem Rollenumfange. Nennt man demnach die Ablesung am Anfange des Zeitabschnittes a_1, am Ende desselben a_2 und den Umfang der Rolle p, so ist

$$\int \frac{1}{n}\, x\, d\varphi = (a_2 - a_1)\, p.$$

Wenn man weiter mit z die Anzahl Secunden des gewählten Zeitabschnittes bezeichnet und mit b den bekannten Bogen, um den sich die Scheibe d in einer Secunde dreht, so kann man für φ schreiben $z\, b$; man hat also, wenn man diese Werthe in Gleichung 2 einsetzt:

$$(3.)\qquad m = \frac{n \cdot p}{b} \cdot \frac{a_2 - a_1}{z}$$

Setzt man endlich:

$$(4.)\qquad \frac{n \cdot p}{b} = c, \text{ so ist:}$$

$$(\text{I.})\quad \text{Mittlerer Wasserstand: } m = c \cdot \frac{a_2 - a_1}{z}$$

Die Constante c in Gleichung I lässt sich, ohne die Dimensionen des Apparates zu messen, mit grosser Genauigkeit folgendermaassen finden. Bei irgend einem Stande der Rolle e lässt man die Scheibe d eine Anzahl von vollen Umdrehungen machen, die also einer bekannten Anzahl z_1 von Secunden entspricht. Bezüglich vor und nach dieser Umdrehung macht man am Rande der Rolle die Ablesungen a_1 und a_2. Hierauf wird eine bestimmte Länge l des auf der Scheibe (in der Zeichnung Tafel 2 mit a bezeichnet), welche vom Schwimmer gedreht wird, aufliegenden Drahtes durch Drehung dieser Scheibe abgewickelt, oder wenn der Umfang dieser Scheibe, in der neutralen Achse des aufliegenden Drahtes gemessen, schon bestimmt ist, dreht man die Scheibe einige volle Umdrehungen herum; ein Index ist für diesen Zweck angebracht. Bei der hiedurch bewirkten neuen Stellung der Rolle lässt man die Scheibe d wieder einige einer bekannten Secundenzahl z_2 entsprechende volle Umdrehungen machen und erhält bezüglich vor und nach dieser Umdrehung von d die Ablesungen a_3 und a_4 am Rande der Rolle. Nennt man nun die den beiden Ständen der Rolle entsprechenden hier constanten Wasserstände m_1 und m_2, so hat man nach Gleichung I:

$$m_1 = c \cdot \frac{a_2 - a_1}{z_1} \quad \text{und} \quad m_2 = c \cdot \frac{a_4 - a_3}{z_2}$$ Es ist aber $m_2 - m_1$ gleich der bekannten Länge l, um welche ein Punkt des Umfanges der Scheibe a in der neutralen Achse des auf der Scheibe liegenden Drahtes gemessen sich weiter bewegt hat. Es ist also:

$$l = c \left(\frac{a_4 - a_3}{z_2} - \frac{a_2 - a_1}{z_1} \right) \quad \text{hieraus}$$

$$\text{(II.)} \qquad c = \frac{l}{\frac{a_4 - a_3}{z_2} - \frac{a_2 - a_1}{z_1}}$$

Hat man die Constante c für beide Rollen (e der Zeichnung Tafel 2) gefunden, so erhält man die Grösse, um welche die von beiden Rollen für dieselbe Zeitperiode gelieferten beiden Werthe von m constant von einander abweichen, dadurch, dass man die Scheibe d eine Anzahl Umdrehungen machen lässt und dafür das m für beide Rollen nach Gleichung I, mit Benutzung des für jede Rolle vorher bestimmten c, berechnet.

Für den auf Helgoland aufgestellten Apparat wurde gefunden:

$$\text{Für die eine Rolle: } m = 8656{,}632 \; \frac{a_2 - a_1}{z} \text{ Meter}$$

$$\text{» » andere » : } m = 8655{,}983 \; \frac{a_2 - a_1}{z} \text{ »}$$

Die eine Rolle giebt constant 1,1384 Meter mehr an als die andere.

Für den in Cadix aufgestellten Apparat wurde gefunden:

$$\text{Für beide Rollen: } m = 6154 \; \frac{a_2 - a_1}{z} \text{ Meter}$$

Die eine Rolle giebt constant 0,9235 Meter mehr an als die andere.

Die einzige bei dem Apparate bei vollendeter mechanischer Ausführung vorzunehmende Correctur ist die folgende. Es ist nöthig, dass die Achse der Rollen ihrer Bewegungsrichtung über die Scheibe d hin parallel sei. Man untersucht dies, indem man bei festgestellter Scheibe d dieselben durch Drehung der Scheibe a über dieselbe hingleiten lässt. Hiebei darf keine Drehung der Rollen eintreten und ist die Lage der Achse der Rollen, bis dies erreicht ist, entsprechend zu corrigiren.

Eine oberflächliche Betrachtung könnte zu dem Schlusse führen, es sei nöthig, die Rollen müssten bei ihrer Bewegung über die Scheibe d genau durch den Mittelpunkt derselben gehen. Dies zu erreichen wäre schwierig, da weder der Mittelpunkt der Scheibe d bezeichnet, noch der Berührungspunkt der Rolle mit der Scheibe scharf markirt erscheint. Es ist aber glücklicherweise nicht nöthig, dass der Werth des Berührungspunktes der Rolle über die Scheibe d durch deren Mittelpunkt gehe; allein aus rein praktischen Gründen ist eine Annäherung an diese Lage zu wählen. Eine Abweichung seitwärts verursacht nämlich keine Aenderung in der Ablesungsdifferenz, wie sich folgendermaassen beweisen lässt.

Betreffend die in Fig. 5, Taf. I dargestellten Lagen der Rolle, bezeichnet I und II, wäre zu beweisen, dass eine Bewegung $d\varphi$ der Scheibe *d* für beide Lagen eine gleich grosse Drehung hervorbringt. In der Lage I ist die Drehung der Rolle:

$$pq = ad\varphi$$

In der Lage II ist die Drehung der Rolle, der Lage ihrer Achse wegen, nicht etwa *nm*, sondern *mo*. Es ist aber:

$$mo = nm \cos \gamma$$

$$\cos \gamma = \frac{a}{a_1}, \quad nm = a_1 d\varphi, \text{ folglich}$$

$$mo = a_1 d\varphi \frac{a}{a_1} = ad\varphi = pq, \text{ wie oben.}$$

Die Beziehung der Angaben des mittleren Wasserstandes zu einem durch Nivellement gegebenen Höhenpunkt wird auf folgende der Genauigkeit des Instrumentes entsprechende Weise festgestellt.

Man bestimmt durch directe Messung die Höhe eines Punktes *P* (siehe Fig. 6, Taf. I) am Schwimmer über dem Wasserspiegel. Dies geschieht am besten in einem mit Wasser gefüllten passenden Gefässe vor der Einsenkung des Schwimmers in den Schacht des Fluthmessers. Man hat dabei noch zu berücksichtigen, dass der Schwimmer, wenn er am Apparat in Thätigkeit ist, durch das bei der Fluth die Drehung der Scheibe *a* bewirkende Gewicht etwas gehoben wird. Man legt für die Messung der Eintauchung ein genaues Lineal, mit einer Libelle horizontal gerichtet, auf den Rand des Gefässes, worin der Schwimmer schwimmt, und misst von der Kante des Lineals auf den Wasserspiegel und auf den Punkt *P* hinunter. Diese Messung lässt sich auf 0,1—0,2 Millimeter genau ausführen. Erst nach Feststellung der Höhe des Punktes *P* über dem Wasserspiegel wird der Schwimmer in den Schacht des Apparates eingesenkt und durch den Draht auf der Scheibe *a* mit demselben in Verbindung gesetzt.

In irgend einer Lage wird nun der Schwimmer mittelst eines am Rande des Schachtes befestigten Drahtes festgehalten (siehe Fig. 6, Taf. I). In dieser Lage wird die Tiefe bis zum Punkte *P* am Schwimmer unter einem durch das Nivellement bestimmten geeignet liegenden Höhepunkt (etwa am Rande des Schachtes oder an dem eisernen Gestell des Apparates) direct mit einem geeigneten Maassstabe gemessen, so dass also die gewählte Lage des Schwimmers einem bekannten Wasserstande entspricht. In dieser Lage des Apparates lässt man die Scheibe *d* langsam eine Anzahl von Umdrehungen machen und bestimmt nach Gleichung I für diese bekannte fingirte Wasserstandshöhe den mittleren Wasserstand nach der Ablesungsdifferenz an den Rollen. Ist die Höhe des Wasserstandes, entsprechend der gewählten Lage des Schwimmers gleich *h*, der resultirende mittlere Wasserstand gleich *m*, so hätte man nach dieser Differenz *h*—*m* die Reduction der Angaben des Apparates für die mittlere Höhe auf die durch das Nivellement gegebene Höhe zu bewirken.

Auch die Zeichenspitze des Registrirapparates kann bei dieser Gelegenheit entweder so eingestellt werden, dass die Höhenlinien, die selbstwirkend vom Apparate auf dem Diagramm gezeichnet werden, runden Zahlen der Höhe über dem Nullpunkt des Nivellements entsprechen, oder man kann die Beziehung dieser Höhenlinien zum Nullpunkt des Nivellements direct auf dem Diagramm abmessen. Ist einmal die Reduction des m nach der Ablesungsdifferenz auf den Höhepunkt des Nivellements bestimmt, so kann man auch hiernach jederzeit die Beziehung der Eintheilungslinien für die Höhen auf dem Diagramm zum Nullpunkt des Nivellements bestimmen, indem man für eine gewisse Periode den mittleren Wasserstand sowohl nach der Rollenangabe als auch aus dem Diagramm über einer der Höhenlinien berechnet.

Will man den mittleren Wasserstand für irgend eine Periode, vielleicht bis zu einem Niedrigwasserpunkte angeben, so kann man die Zeit des Eintritts dieses Niedrigwassers aus dem Diagramm bestimmen. Wäre z. B. dann die letzte tägliche Ablesung 4 Uhr gemacht und das Niedrigwasser 5 Uhr eingetreten (siehe Fig. 7, Taf. I), so hätte man für die kleine Fläche F aus dem Diagramm die mittlere Höhe zu berechnen. Hat dann die ganze Periode bis zur letzten täglichen Beobachtung z_1 Secunden und den mittleren Wasserstand gleich m_1, vergehen ferner noch z_2 Secunden bis zum Eintritt des Niedrigwassers, ist endlich der mittlere Wasserstand für die kleine Fläche F gleich m_2, so ist der mittlere Wasserstand für die ganze Periode bis zu dem bezüglichen Niedrigwasser:

$$\text{(III.)} \qquad m = \frac{m_1 z_1 + m_2 z_2}{z_1 + z_2}$$

Verschiedene Ausführungen der Fluthmesser.

Das Verkleinerungsverhältniss der Bewegung des Zeichenstiftes für die Diagramme zur Aenderung des Wasserstandes ist ein durchaus willkürliches, worüber bis jetzt in den einzelnen Fällen sehr verschieden beschlossen worden ist. Für einen künstlich aufgestauten Landsee bei Hamburg (Alsterbassin) construirte ich einen Registrirapparat für die wenig wechselnden Wasserstände, wodurch dieselben in wirklicher Grösse aufgezeichnet werden. Am Schwimmer ist eine Lamelle aus Kupfer befestigt; dieselbe ist mit mehreren Zeichenstiften versehen, welche nach einander über einen horizontal liegenden Cylinder geführt werden und nach einander die durch ihre Stellung repräsentirten Wasserstände aufzeichnen. Ueber den Cylinder bewegt sich endloses Papier; die Eintheilung für Zeit und Höhe ist selbstwirkend.

Wo die Unterschiede zwischen Hoch- und Niedrigwasser sehr bedeutend sind, wie z. B. an der Westküste von England und Frankreich (in Granville beträgt dieser Unterschied bis zu 17 Meter) verkleinert man die Bewegung etwa bis zu einem Dreissigstel der wirklichen Grösse, auch wendet man, wie in dem vorher genannten Falle, mehrere Zeichenstifte an, die nach einander zum Zeichnen kommen. Für Cadix ist das Verkleinerungsverhältniss ein Funfzehntel, für Helgoland ein Zwanzigstel, für den Hafen von Hamburg ein Achtel gewählt. Auch die Bewegungsgrösse für die Zeit ward sehr verschieden angesetzt. Für Helgoland und Cadix ist für eine Stunde die Länge von 0,03 Meter angenommen.

Zur Bezeichnung der Zeit und Höhe auf den Diagrammen sind für Hamburg, Helgoland und Cadix eigene Eintheilungsvorrichtungen bestimmt.

Die Cylinder für die Registrirung werden mit Papier überspannt, in die Eintheilungsvorrichtung hineingelegt und durch mit Hülfe mechanischer Mittel sicher geführte Diamantspitzen eingetheilt. Das Papier ist mit einem Kreideüberzug versehen, dann mit chinesischer Tusche oder einer Mischung von in Alkohol aufgelöstem Schellack und Lampenruss von Leuchtthürmen geschwärzt; die Diamantspitzen reissen feine Furchen durch die schwarze Schicht in die Kreide hinein und die Eintheilung erscheint als schöne weisse Linien auf schwarzem Grunde, ebenso auch später die Wasserstandscurve (siehe Fig. 2, Taf. I).

Bekanntlich lässt man die Cylinder dort, wo Fluth und Ebbe die wechselnden Wasserstände bedingt, 14 Tage die Zeichnung der Wasserstände aufnehmen. Die Hoch- und Niedrigwasserzeitpunkte fallen jeden Tag etwa eine Stunde später, so dass die Curven dieser ganzen Periode sich nicht stören und, wenn auch oft mit Mühe, verfolgt werden können.

Das Papier für die Diagramme erleidet durch Feuchtigkeitsänderung unvermeidliche unregelmässige Ausdehnungen; die Eintheilungslinien werden also verschoben; dies macht man dadurch unschädlich, dass die Eintheilung selbstwirkend im Apparat in der Nähe und gleichzeitig mit der Aufzeichnung der Fluthcurve vorgenommen wird. Gewöhnlich lässt man für die Höhen eine Nulllinie und zwei oder vier andere Höhenlinien durch Spitzen in der Nähe des Zeichenstiftes für das Diagramm einreissen. Für die Angabe der Zeit werden an den beiden Rändern des Cylinders, etwa für jede Stunde, Spitzen angebracht, die in das Papier mit Hülfe einer Walze eingedrückt werden. Das Papier wird in grösseren Längen in Rollen in den Apparat gelegt. Dasselbe geht dann über den Cylinder, nimmt die Eintheilung für Zeit und Höhe und die Zeichnung der Wasserstandscurve auf und wird als fertiges Diagramm auf eine Rolle selbstwirkend aufgerollt und zu gewissen Zeiten zur Benutzung für praktische oder wissenschaftliche Zwecke aus dem Apparat herausgenommen.

Bei Anwendung von Diamantspitzen kann man auch eine dünne Kupferplatte statt des Papiers auf den Cylinder bringen und eine Fluthperiode selbstwirkend vom Apparat zur Vervielfältigung eingraviren lassen, wie es in Belgien mehrfach zur Ausführung gebracht ist. Von der Kupferplatte wird direct gedruckt.

Die Integrirung der Wasserstände für die Bestimmung der mittleren Höhe nach meiner Methode wird am besten durch zwei Rollen vorgenommen, um immer eine Controlle zu haben über die gute und ungestörte Arbeit des Apparates. Es kann die Aufgabe vorkommen, die höchsten und niedrigsten Wasserstände sowohl der Höhe als auch der Zeit nach, ferner zugleich den mittleren Wasserstand zu registriren. Für diesen Zweck habe ich eine Einrichtung angegeben, welche besonders für die Bestimmung der Zeit der höchsten und niedrigsten Wasserstände ein neues Mittel zur Anwendung bringt. Auf der Scheibe für die Integrirung wird am Rande ein als Index dienendes Stückchen Eisen durch einen Electromagneten festgehalten. Der durch diesen Electromagneten gehende Strom wird unterbrochen, sobald das Wasser seinen höchsten und niedrigsten Stand erreicht hat und anfängt zu fallen oder zu steigen. Alsdann bleibt das als Index dienende Stückchen Eisen auf dem Rande der Scheibe liegen, dieser Rand ist nach Stunden und Minuten getheilt und man erhält auf diese Weise die Zeit des Hoch- und Niedrigwassers. Ein Apparat dieser Art nach meinen Angaben befindet sich in der Instrumentsammlung der Deutschen Seewarte in Hamburg.

Die Anwendung der Electricität zur Sichtbarmachung der Wasserstände auf weite Entfernungen ist ebenfalls schon in verschiedenen Construktionen vorhanden. Es ist hierbei eine intermittirende Wirkung eines electrischen Stromes thätig.

Wenn der vom Schwimmer auf die den Registrirapparat bewegende Scheibe geführte Draht eine sehr bedeutende Länge besitzt, der Apparat also vielleicht in einem vom Meeresufer entfernt liegenden Staatsgebäude aufgestellt würde, so ist es nöthig, die Temperatureinflüsse auf die Länge des Drahtes zu compensiren. Eine Reduction nach Thermometerablesungen würde nicht praktisch sein, da es mit unüberwindlichen Schwierigkeiten verknüpft wäre, die Temperatur des Drahtes in der langen Leitung zu untersuchen. Es würde eine selbstwirkende Compensation für den vorliegenden Zweck auf folgende Weise in vollkommen wirksamer Art sich praktisch ausführen lassen. Man führt neben dem vom Schwimmer kommenden Draht einen Draht von gleicher Dicke, welcher im Schachte des Schwimmers befestigt ist, bis zur Decke des Raumes, wo der Apparat aufgestellt ist (siehe Taf. 1, Fig. 8). Verkürzt sich nun der vom Schwimmer kommende Draht *a*, so würde eine nicht zu gestattende Drehung der Scheibe *A* eintreten. Diese Drehung aber wird verhindert, weil sich der zur Compensirung bestimmte Draht ebensoviel verkürzt und das Lager der Rolle *B* in der Richtung des Pfeils verschoben wird, so dass in Beziehung auf Scheibe *A*, trotz der Längenänderung des Drahtes alles in Ruhe bleibt. Die Leitungsrollen und ihre Lager müssen für diese Einrichtung mit Sorgfalt gearbeitet werden und etwa 2 Decimeter Durchmesser haben.

Um die im Vorstehenden theils nur angedeuteten oder theoretisch behandelten Gegenstände noch durch eine praktische Ausführung weiter zu erklären, ist auf Taf. II ein Apparat, wie er für den Hafen von Marseille mit einigen für den speciellen Zweck erforderlichen Aenderungen zur Ausführung bestimmt ist, in geometrischer Projection in mehreren Ansichten und Durchschnitten dargestellt. Die französische Regierung beabsichtigt ein sich über ganz Frankreich erstreckendes, vielfach verzweigtes Nivellement auszuführen und auch die mittlere Höhe des Meeres an den verschiedenen Küsten auf das Genaueste zu bestimmen. Es wurde zwischen dem Secretair der Commission für das General-Nivellement von Frankreich, Herrn Ingenieur CH. LALLEMAND und dem Verfasser eine längere Correspondenz über Fluthmesser geführt, aus der das lebhafte Interesse ersichtlich, welches man dort dieser Angelegenheit entgegenbringt. Der Apparat, welcher in der Werkstatt von DENNERT & PAPE in Altona ausgeführt wird, ist zunächst für den gedachten Zweck bestimmt, zugleich soll derselbe praktischer Benutzung für den Wasserbau dienen.

In den in kleinerem Maassstabe gezeichneten zwei Ansichten des Apparates erkennt man die Anordnung des Ganzen in Verbindung mit dem Schwimmer im Schachte.

Der Schwimmer ist 1 Meter im Durchmesser, der Durchmesser des Schachtes 1,1 Meter (für Marseille wurde ein Schwimmer von 0,9 Meter

Durchmesser gewählt). Zur Führung des Schwimmers im Schachte dienen vier auf dem Schwimmer befestigte Frictionsrollen. Dieselben treten etwas über den Rand des Schwimmers vor. Zur Ausgleichung kleiner Ungenauigkeiten in der Herstellung des Schachtes werden einige Centimeter Spielraum gelassen.

Der Schwimmer wird aus Kupferblech hergestellt. Der in das Wasser eintauchende Theil wird durch Hammerarbeit, also ohne Nietung aus einem Stück gearbeitet, damit absolute Dichtigkeit garantirt ist. Der Deckel wird aufgeschraubt. Sowohl der Boden als auch der Deckel werden durch genügend starke, aufgelöthete, radiale Rippen gegen Verbiegen gesichert. Der Deckel ist mit einer sorgfältig gearbeiteten Verschraubung für die Befestigung des Drahtes zur Bewegung des Fluthmessers versehen. Diese Verschraubung ist oben, wo der Draht durchgeht, rechtwinklig zu ihrer Achse abgedreht und wird die Höhe dieser Fläche über dem Wasser vor Einsenkung des Schwimmers auf das Genaueste in einem Gefässe mit Wasser auf die oben angegebene Weise gemessen. Ausserdem sind zwei Henkel auf dem Deckel des Schwimmers angebracht, um ihn an Haken einzusenken oder ihn zur Constantenbestimmung in irgend einer passenden Stellung längere Zeit festzuhalten, nach der oben angegebenen Methode. Endlich befindet sich noch ein Luftloch mit einer Ueberdeckung im Deckel des Schwimmers, damit im Innern desselben durch Temperatur- und Luftdruckänderung keine Spannungen, die die Form des Schwimmers verändern würden, entstehen können.

Vom Schwimmer geht ein Kupferdraht von circa 2 Millimeter Dicke auf die mit *a* bezeichnete Scheibe. Bei eintretender Steigung des Wassers bewirkt ein ebenfalls an der Scheibe *a* wirkendes Gegengewicht, dass auch alsdann der Apparat in Bewegung gesetzt wird. Auf der Achse der Scheibe *a* befindet sich ein verzahntes Rädchen. Dieses Rädchen hat im beschriebenen Apparat ein Zehntel des Durchmessers der Scheibe *a* in seinem Theilrisskreise. Das genannte Rädchen greift in eine Zahnstange ein. Diese Zahnstange, auf Frictionsrollen getragen und geführt, trägt an ihrem Ende den die Fluthcurve zeichnenden Diamant *f*. Der das Papier aufnehmende Cylinder *c* wird durch eine Uhr *b* in 24 Stunden einmal um seine Achse gedreht.

Das Papier zur Aufzeichnung der Wasserstandscurve wird selbstwirkend durch den Apparat für Zeit und Höhe eingetheilt. Für die Höhe werden drei Linien durch Diamantspitzen *g* gezeichnet. Die Theilung für die Zeit wird durch Spitzen an beiden Rändern des Cylinders *c* bewirkt. Nachdem das Papier eingetheilt und mit der Aufzeichnung des Wasserstandes versehen ist, wird es selbstwirkend auf eine Rolle aufgewickelt und demnächst in beliebigen Längen abgeschnitten.

Die Bewegung der Rollen *e* des Integrirapparates über die auf derselben Achse mit dem Cylinder für die Aufzeichnung der Wasserstände befindlichen Scheibe von Spiegelglas *d* geschieht durch eine Platin-Lamelle, welche am Ende der den Zeichenstift tragenden Stange befestigt ist. Die Lamelle wird über zwei Rollen geführt; die Bewegung der Rollen erfolgt in vertikaler Richtung.

Durch kleine Gewichte werden die Rollen gegen die Scheibe *d* angedrückt. Zwei vertikale Säulen dienen zur Führung der Rollen über die

Glasscheibe hin, nach der von Sir WILLIAM THOMSON mit der Benennung »Mathematical Slide« bezeichneten Führungsmethode.

Der ganze Apparat ist durch einen Glaskasten geschützt. Die verschiedenen Theile desselben sind auf einer gehobelten Gusseisenplatte aufgestellt und festgeschraubt. Diese mit Rippen verstärkte Platte wird durch eine Säule aus Gusseisen, welche auf dem Rande des Schachtes steht, getragen.

Für den für den Hafen von Marseille vorgeschlagenen Apparat ist eine Umdrehungszeit für Cylinder (c) und Scheibe (d) von zwei Tagen gewählt; der halbe Umfang der Scheibe d ist in 100 Theile eingetheilt; ganze Tage werden als Einheit gerechnet. Die Constante $c = \frac{n \cdot p}{b}$ (siehe Gl. 4) ist für diesen Apparat, da der Rollendurchmesser gleich 0,04 Meter ist:

$$c = \frac{10 \cdot 0{,}04 \cdot \pi}{\pi} = 0{,}4$$

$$m = 0{,}4 \, \frac{a_2 - a_1}{t},$$ worin t die Anzahl der Tage, welche zwischen die Ablesungen a_1 und a_2 liegen, bedeutet.

Es ist für die Bestimmung des Werthes $c = \dfrac{l}{\dfrac{a_4 - a_3}{z_2} - \dfrac{a_2 - a_1}{z_1}}$ (siehe Gleichung II, Seite 8) anzurathen, die Scheibe d eine recht grosse Umdrehungszahl bei dieser Bestimmung machen zu lassen, da wie bekannt bei Bestimmungen durch Integrirrollen die Fehler verhältnissmässig kleiner bei grossen Umdrehungszahlen sind. Dasselbe ist von dem Zähler der rechten Seite der Gleichung zu sagen, auch l ist möglichst gross zu nehmen, also der volle Durchmesser der Scheibe d auszunutzen.

Der Fluthmesser, System Reitz, in Cadix wurde seitens des Spanischen Geographischen und Statistischen Bureaus unter der Direction Sr. Excellenz des Herrn General IBAÑEZ einer ausgedehnten Untersuchung unterzogen, und sind die über den Apparat gemachten Mittheilungen in dem officiellen Berichte »Memorias del Instituto Geográfico Y Estadistico« durch vorzüglich schöne Abbildungen des Instrumentes begleitet. Die Grösse c wurde in Cadix durch 5 Umdrehungen der Scheibe d und durch eine Länge l gleich 2 Meter (einer Umdrehung der Scheibe, worauf der am Schwimmer befestigte Draht sich auf- und abwickelt) bestimmt. Für jede Integrirrolle wurde der Werth von c durch 6 Bestimmungen ermittelt. Die für die beiden Rollen erhaltenen Werthe von c stimmten, weil die Durchmesser der Rollen bis auf eine äusserst geringe Grösse gleich sind, so nahe überein, dass für beide bei der Berechnung von Tabellen derselbe Werth, nämlich $c = 6154$ angenommen werden konnte. Ich hatte in Altona nach Vollendung des Apparates für die Rolle links $c = 6156{,}65$, für die Rolle rechts $c = 6156{,}42$ gefunden.

Genauigkeit des Integrirapparates für die Bestimmung der mittleren Höhe.

In der genannten Schrift »Memorias del Instituto Geográfico Y Estadístico,« Bd. IV, Madrid 1883, S. 642—644 ist eine Betrachtung darüber angestellt, wie weit

Fig. 1.

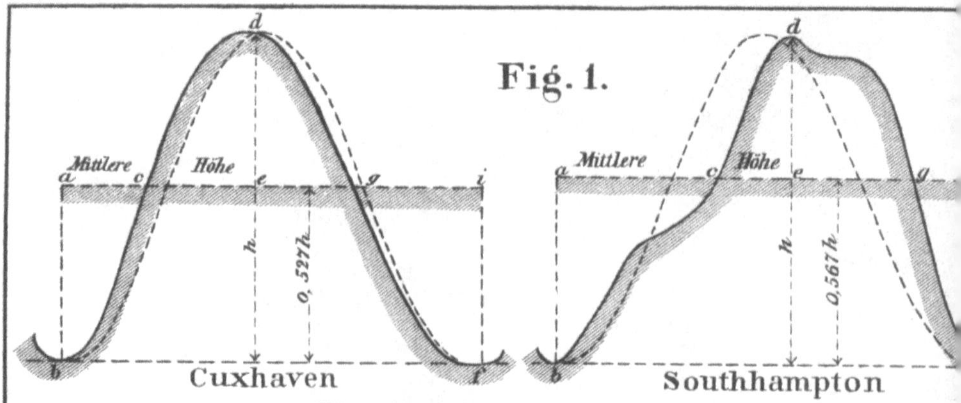

Fig. 2.

Helgoland

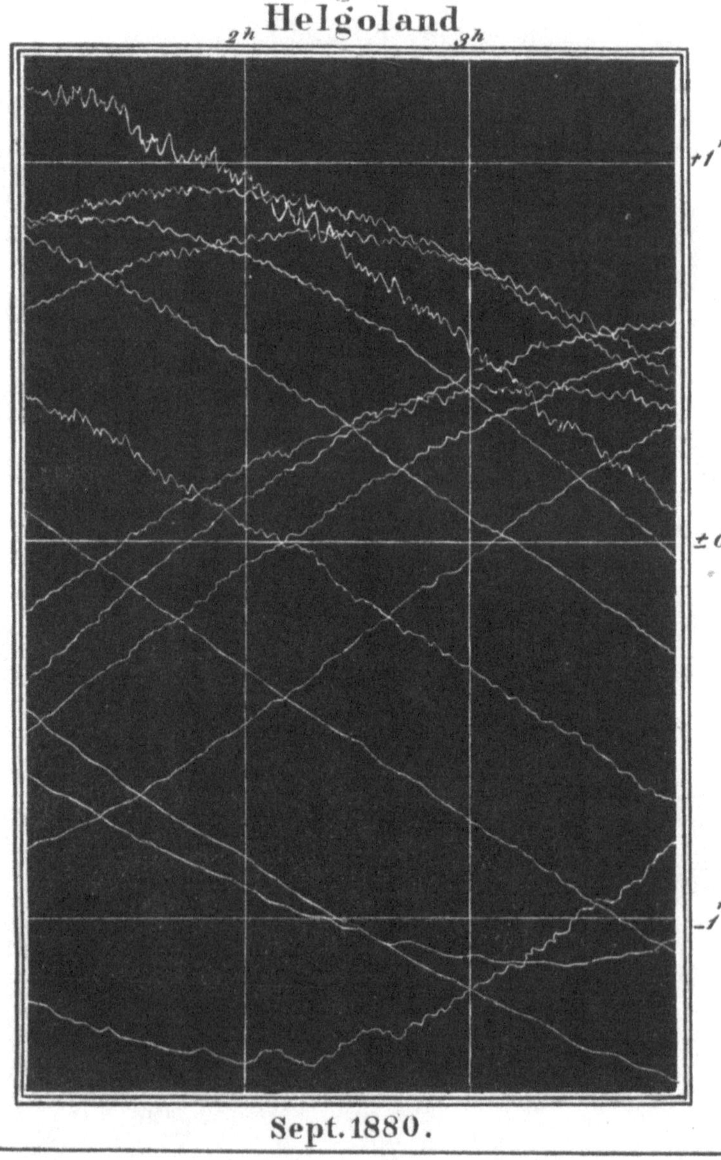

Sept. 1880.

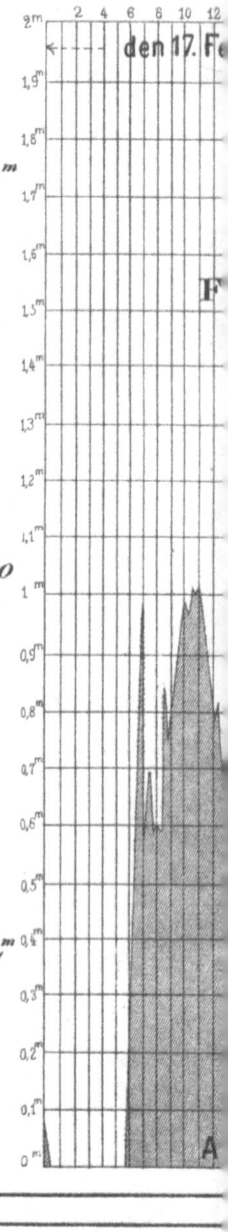

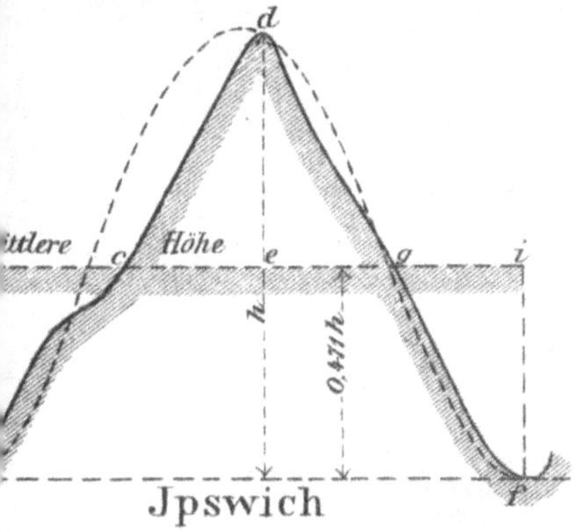

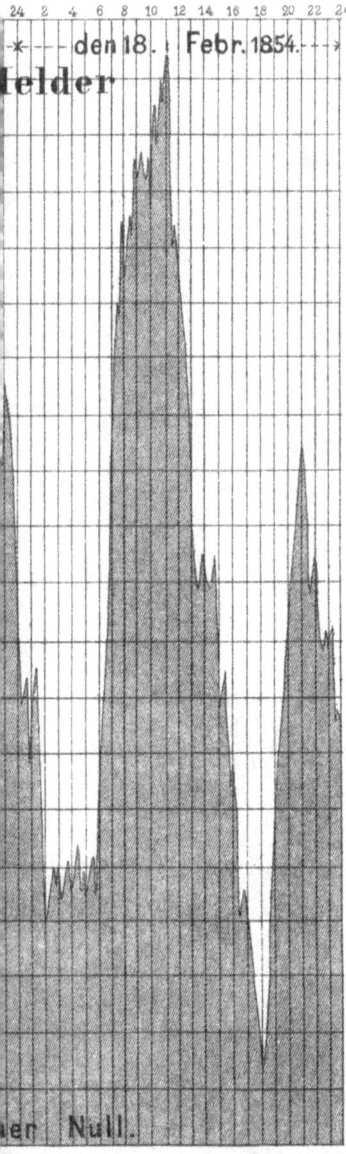

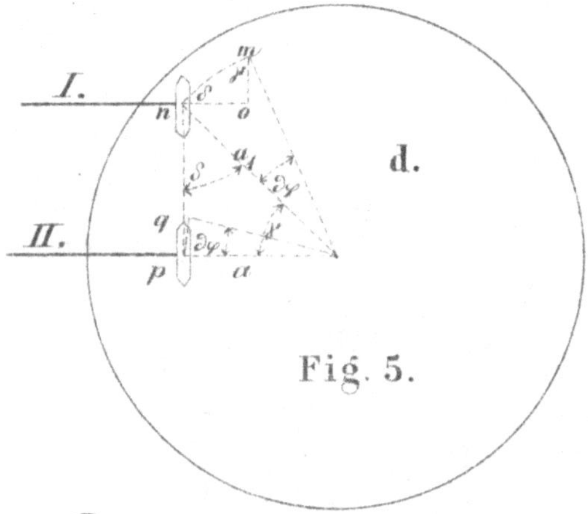

Fig. 5.

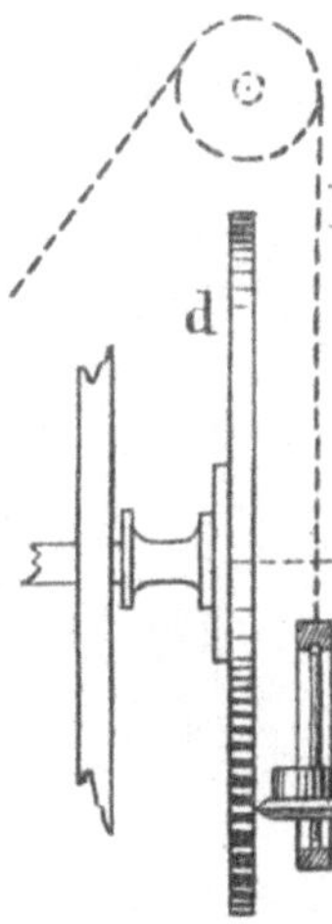

Fig. 4.

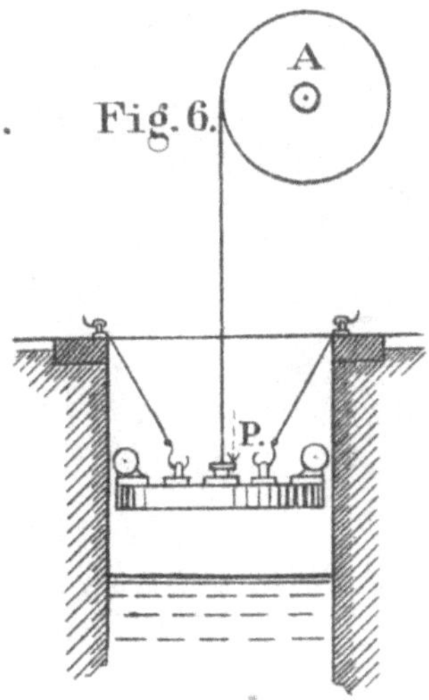

Fig. 6.

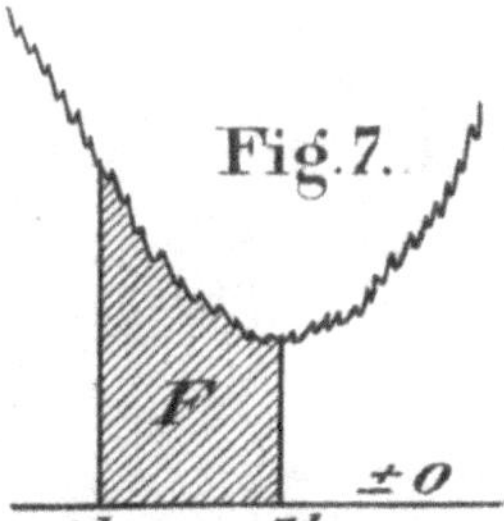

Fig. 7.

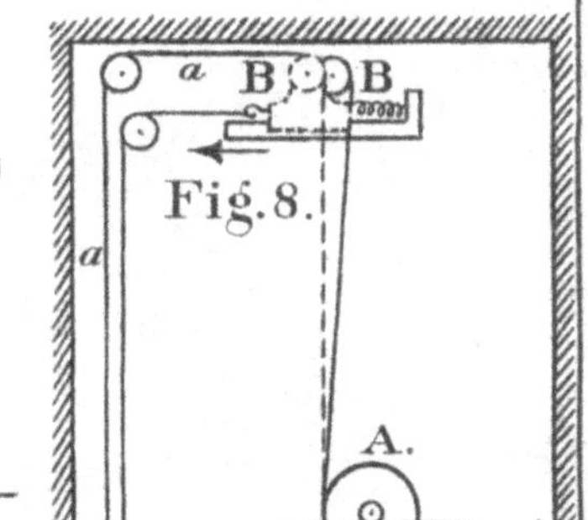

Fig. 8.

Lithographie v. A. Hensel, Hamburg.

man wohl mit der Genauigkeit in der Bestimmung von c und in der der Ablesung an den Integrirrollen und endlich der Bestimmung des Zeitabschnittes zwischen den Ablesungen an denselben zu gehen habe, um eine genügende Genauigkeit für die Berechnung des mittleren Wasserstandes zu sichern. Ich gebe diese Betrachtungen hier, als von höchst competenter Seite ausgehend, in freier Darstellung wieder.

Wenn man annimmt, dass in der Bestimmung des Werthes c ein Fehler σ vorgekommen ist, so ist, wenn man die dieses Fehlers wegen an m anzubringende Correctur mit v_1 bezeichnet:

$$m \pm v_1 = c\,\frac{a_2 - a_1}{z} \pm \sigma\,\frac{a_2 - a_1}{z} \text{ (siehe Gl. 3)}$$

$$= m \pm \sigma\,\frac{a_2 - a_1}{z}, \text{ also:}$$

$$\text{(IV.)} \qquad v_1 = \sigma\,\frac{a_2 - a_1}{z} = \sigma\,\frac{m}{c}$$

In Cadix übertrifft nun die grösste Oscillation des Meeres nicht 5 Meter und daher wird der Werth m für die mittlere Höhe nicht 3 Meter übersteigen. Für Cadix wäre also nach Gleichung IV: $v_1 = \sigma\,\frac{1}{2051}$, wenn man den für den dortigen Apparat für c gefundenen Werth einsetzt.

Wenn man nun den der Constante c anhaftenden mittleren Fehler, wie er sich aus den 14 theils von mir, theils später in Cadix gemachten Versuchen ergiebt, wenn man keinen Unterschied zwischen den beiden nahe gleichen Integrirrollen macht, bei Annahme des Werthes $c = 6154$, gleich $\pm$ 6,1 annimmt, so ist nach Gl. IV:

$$v_1 = 6{,}1 \cdot \frac{1}{2051} = 0{,}003 \text{ (Meter)}$$

Diese Grösse liesse sich durch die allerdings noch genauer mögliche Bestimmung der Constante c noch bedeutend herabmindern, doch ist er auch schon bei dieser Bestimmung verhältnissmässig gering zu nennen,

Für den Einfluss des bei den Ablesungen an den Integrirrollen $(a_2 - a_1)$ und bei der Bestimmung des Zeitraums (z) gemachten Fehlers ergeben sich sehr geringe Werthe, wenn man eine leicht erreichbare Genauigkeit für diese Bestimmungen annimmt, wie sich folgendermaassen leicht ableiten lässt.

Es sei α der Fehler in der Bestimmung von $a_2 - a_1$ und v_2 der hieraus für m sich ergebende Fehler, so ist:

$$m + v_2 = c\,\frac{(a_2 - a_1) + \alpha}{z} = m + \frac{c}{z}\,\alpha; \text{ hieraus}$$

$$\text{(V.)} \qquad v_2 = \frac{c}{z}\,\alpha$$

Beispielsweise sei $\alpha = 0{,}002$, wie man nach der Praxis den Werth für die Unsicherheit in der Ablesung an den Integrirrollen annehmen kann, ferner z für 24 Stunden gleich 3600×24, so wäre $v_2 = \frac{6154}{3600 . 24} \cdot 0{,}002$ (Meter) $= 0{,}00015$ (Meter). Für den Zeitraum eines Tages würde also unter den obigen Annahmen ein Fehler von nur 1,5 Decimillimeter gemacht.

Was endlich den Fehler von m durch den in der Bestimmung des Zeitraumes zwischen den Ablesungen a_1 und a_2 an den Integrirrollen gemachten Fehler betrifft, der mit v_3 bezeichnet werde, so hat man unter Belassung der bekannten Bezeichnungen und wenn man mit ζ den Fehler in Secunden bezeichnet:

$$m + v_3 = c \frac{a_2 - a_1}{z - \zeta}, \text{ woraus:}$$

$$(m + v_3)(z - \zeta) = c\,(a_2 - a_1),$$

$$z\,m + z\,v_3 - m\,\zeta - v_3\,\zeta = c\,(a_2 - a_1); \text{ da nun } m = c\,\frac{a_2 - a_1}{z},$$

so ergiebt sich hieraus: $z\,v_3 = (m + v_3)\,\zeta$, und endlich:

$$v_3 = \frac{m + v_3}{z}\,\zeta$$

Vernachlässigt man den verhältnissmässig sehr kleinen Werth v_3 im Zähler der rechten Seite der Gleichung, so ergiebt sich:

$$\text{(VI.)} \quad v_3 = \frac{m}{z}\,\zeta$$

Für Cadix ergiebt sich demnach nach Einsetzung der oben angegebenen Werthe, und wenn man mit s die Anzahl der Stunden bezeichnet:

$$v_3 = \frac{3}{3600\,.\,s}\,\zeta$$

Wenn man etwa in der Bestimmung von z einen Fehler ζ von 5 Secunden machen würde, eine Grösse, die man hier als zulässig bezeichnen muss, so ergiebt sich für 24 Stunden, der hieraus für den Apparat von Cadix folgende Fehler in der Bestimmung von m gleich:

$$v_3 = \frac{3}{3600\,.24}\,5 = 2 \text{ Decimillimeter.}$$

Alles zusammenfassend ist man zu der Annahme berechtigt, dass mittelst der Integrirvorrichtung für Fluthmesser, unter Voraussetzung sehr leicht einzuhaltender Fehlergrenzen in den Ablesungen, sehr genaue Werthe für die Höhe des mittleren Wasserstandes erlangt werden können.

Ein Resultat über mittlere Meereshöhen, zu dessen Erreichung das neue System, selbstwirkend durch die Wasserbewegung den mittleren Wasserstand berechnen zu lassen, schon mit zur Anwendung gekommen ist, liegt bereits vor. In der mehrfach genannten Schrift *Memorias del Instituto Geográfico Y Estadistico* 1883 wird als Endresultat der Nivellements und bisherigen Bestimmungen des mittleren Wasserstandes angegeben, dass die mittlere Meereshöhe zu Santander am Atlantischen Ocean, Bay von Biscaya, 0,2594 Meter höher ist, als die des Atlantischen Oceans bei Cadix und 0,6724 Meter höher als das Mittelmeer bei Alicante.

FLUTHMESSER
SYSTEM-F. H. REITZ.
f
g
c
d
e
e
Jntegrirung für die mittlere Höhe.
Registrirung und Eintheilung
Ansicht.
a

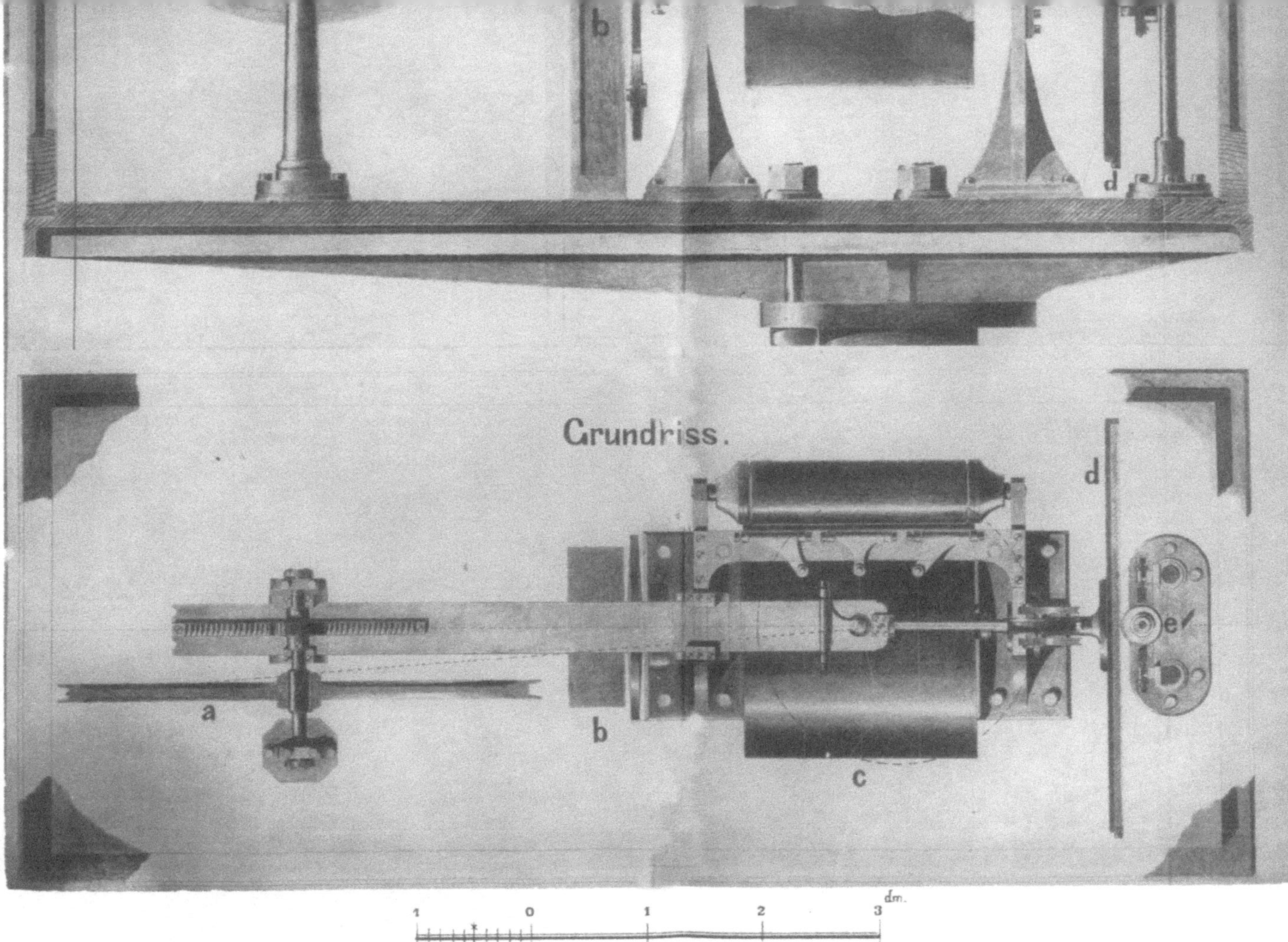

F H Reitz
Hamburg, October 1883.

Lichtdruck v. Strumper & Co. Hamburg

Druck von J. F. Richter, Hamburg.

FSC
www.fsc.org
MIX
Papier | Fördert
gute Waldnutzung
FSC® C083411

Zeitfracht Medien GmbH
Ferdinand-Jühlke-Straße 7
99095 Erfurt, Deutschland
produktsicherheit@kolibri360.de